Der Krieg

Eine Schicksalsstunde des jüdischen Volkes

Von

Wlad. W. Kaplun-Kogan

Mit einer Karte des jüdischen Ansiedlungsrayons in Russland

BONN 1915
A. MARCUS & E. WEBERS VERLAG

In vollem Bewußtsein all der Schwierigkeiten, die das Thema in sich birgt, habe ich mich entschlossen, über den Krieg in seiner Bedeutung für die Judenheit zu sprechen. Aus der großen Fülle von Problemen, die infolge des Krieges für die Juden erwuchsen, werde ich versuchen, einige der wichtigsten herauszugreifen. Aber auch bei diesen will ich die Aufmerksamkeit nur auf das Wesentlichste lenken; dies erscheint mir schon deshalb angebracht, weil wir uns mitten im Werden von neuen Fragen befinden. Auch will ich von vornherein bemerken, daß ich keinerlei Schilderungen von Wirkungen des Krieges auf die Lage der Juden in verschiedenen Ländern zu geben beabsichtige. Mein Zweck ist, auf Grund einer historischen Betrachtung und unter Berücksichtigung der gegenwärtigen politischen Konstellation die Linien zu verzeichnen, auf denen sich die zukünftige Entwickelung der jüdischen politischen Angelegenheiten nach wahrscheinlicher Berechnung vollziehen könnte. Ich leugne nicht, daß meine Betrachtungen zum Teil Hypothesen sind; — wer vermag es aber, im Strudel der schwerwiegenden Ereignisse endgültige Urteile zu fällen?

Manchem werden meine Ausführungen unzeitgemäß, weil verfrüht erscheinen. Dem ist jedoch nicht so. Wir glauben ja alle felsenfest an den Sieg der deutschen Waffen; wir müssen also konsequenterweise uns schon jetzt mit den möglichen Zuständen vertraut machen, die die deutschen Siege zur Wirklichkeit machen werden. Und erst recht wir Juden, die wir nicht gewöhnt sind, die politischen Ereignisse der uns umgebenden Welt vom Standpunkt einer jüdischen Politik zu erfassen. Dieser Umstand allein macht eine rechtzeitige Erörterung der jüdisch-politischen Probleme zu einer fast unumgänglichen Notwendigkeit.

Der deutsche Krieg, ein heiliger Verteidigungskrieg, wird in seinen Schlußwirkungen den Frieden Europas in der Zukunft nur dann sichern können, wenn er zugleich die vielen Völker, die unter dem Joch der Russen leiden, befreien und dadurch „dasjenige Rußland vor dem Jahre 1914" vernichten wird, welches nur von der Ausbeutung der Fremdvölker lebte.

Eines der vielen Fremdvölker Rußlands, welches am längsten auf seine Befreiung wartet und am innigsten die Deutschen in Rußland begrüßt, sind die *Juden*. Die Juden erleben jetzt einen unermeßlich bedeutungsvollen Moment ihrer Geschichte. Das östliche Zentrum der Judenheit, das Reservoir des jüdischen Geistes, die Quelle, aus der alle anderen Zentren des jüdischen Volkes in Amerika, Deutschland, Palästina usw. gespeist werden, steht vor einer Umwandlung, die vorbildlich und maßgebend für die ganze Judenheit werden soll.

Um die Tragweite des gegenwärtigen Augenblicks richtig schätzen zu können, wollen wir uns ein Ereignis aus der Geschichte der Juden in Erinnerung bringen.

Vor hundert und einigen Jahren tobte auch ein großer Krieg in Europa. Die Lage der Juden zur Zeit der französischen Kriege am Anfang des neunzehnten Jahrhunderts war grundverschieden von derjenigen, in der sie der jetzige Krieg angetroffen hat. Die prinzipielle Auffassung der jüdischen Frage hatte damals einen anderen Charakter; man kannte nämlich die Juden als Menschen noch garnicht. Wenn ein Jude in eine Stadt kam, so wurde von ihm derselbe Zoll erhoben, wie von den Tieren.

Man wollte den Juden in die europäische Gesellschaft von damals unter keiner Bedingung aufnehmen; man bestritt bei ihm alle menschlichen Eigenschaften, die ihm das Recht einräumten, unter Menschen als Mensch zu leben. In seiner Freizügigkeit war er sehr stark gehemmt, und sogar die natürliche Vermehrung wurde durch Reglementierung eingeschränkt; die Erlaubnis zum Heiraten mußte jedesmal speziell eingeholt werden — und nicht immer wurde sie erteilt. *Eine äußerst harte Bevormundung des jüdischen Lebens war das Charakteristikum der Epoche.*

Der Jude wurde als eine Ausgeburt der Menschheit betrachtet, und während der großen gesellschaftlichen

Umwälzungen, die infolge der französischen Kriege eintraten, wurde die Frage zur Diskussion gestellt, ob Juden überhaupt *Menschen* seien, und man hat im *Prinzip* die Juden als Menschen anerkannt; man hat ihnen im Prinzip — ich spreche nicht von der langsamen Verwirklichung des Prinzips in der Praxis — die Gleichberechtigung gewährt. Aber man hat gleichzeitig ausdrücklich betont, daß die Juden kein Volk, keine Nation sind. In der nationalen Versammlung in Paris proklamierte man: „Den Juden als einer *Nation* muß man alles versagen; den Juden als *Menschen* muß man alles gewähren.*)

Das war das große, schwerwiegende Ereignis in der Geschichte der europäischen Juden: man erkannte sie als Menschen in der *Zivil*gesetzgebung an; man verbannte aber gleichzeitig den Begriff der jüdischen Nation aus der *Staats*gesetzgebung. Nur unter diesem Gesichtspunkte ist die weitere Geschichte der Juden im vorigen Jahrhundert verständlich.

Es unterliegt keinem Zweifel, daß der Krieg 1914 eine gründliche Änderung in den Rechtsverhältnissen, die das Zusammenleben der Nationen regulieren, zur Folge haben wird. Der deutsche Sieg — und die Deutschen müssen siegen und sie werden siegen, weil es die große deutsche Sache erfordert und weil es für die Kultur Europas eine Notwendigkeit ist — der

*) Clermont-Tonnère in der Sitzung der Nationalversammlung in Paris vom 23. Dezember 1789.

deutsche Sieg, sage ich, wird eine Befreiung der Juden und anderer Völker in den Grenzgebieten Rußlands herbeiführen. Die Juden, die in kompakten Massen, als ein Volk zusammenwohnen, werden einem modernen freiheitlichen Staat angegliedert, der die Gleichberechtigung der Juden als *Menschen* schon längst anerkannt hat. Es wird sich also nunmehr nicht darum handeln, den Juden als Menschen gewisse Rechte zu gewähren, nein, es gilt nun, den Juden als *einem Volk völkische Rechte* einzuräumen. Denn es wird nicht mehr genügen, das gleiche Recht allen zu verleihen, sondern verschiedene Rechte verschiedener Nationen durch ein oberstes Reichsgesetz, das über den Nationen steht, zu bestimmen.

Dem Nationalitätsprinzip wird der große deutsche Krieg vom Jahre 1914 seine wohlverdiente Blüte verschaffen. Es wird damit ein neues Jahrhundert eröffnet. Und erst recht für die Juden.

Die östlichen Juden, die ihre Befreiung von dem großen Krieg 1914 erhoffen, bilden ein Volk — ebenso wie alle anderen Völker, die zerstreut zusammen mit anderen Völkern auf *einem* Gebiete unter der Herrschaft *eines Staates* wohnen. Das jüdische Volk zählt in den polnischen und den angrenzenden russischen Gouvernements über 5 Millionen Seelen, die auf einem Territorium von der Größe des Deutschen Reiches wohnen. Das jüdische Volk ist von anderen Völkern grundverschieden, in der Geschichte sowohl wie in seinem gegenwärtigen sozialen und kulturellen Leben. Ökonomisch haben die Juden eine eigenartige Volkswirtschaft, innerhalb deren sie eigene ökonomische Funktionen ausüben; sie vermitteln als Kaufleute und Industrielle in der Stadt und als Händler und Handwerker auf dem Lande die Industrie und den Handel zwischen der Stadt und dem Lande und erfüllen somit eine wichtige ökonomische Aufgabe. Die soziale Differenzierung des jüdischen Volkes weist Vertreter aller wirtschaftlichen Gruppen auf; an der Spitze steht der Handel mit 38,7 %, dann kommt das Gewerbe mit 35,4 %, Tagelöhner und Privatbeamte mit 6,6 %, liberale Berufe mit 5,2 %, Landwirtschaft mit 3,5 % und Verkehrswesen mit 3,9 %. Die jüdische Volkswirtschaft besitzt die durch die eigenartigen nationalen Produktionsbedingungen zu erklärenden Vorzüge und Mängel; die letzteren bekunden sich vor allem in der sozialen Erscheinung der Auswanderung, die, ökonomisch erfaßt, eine Reihe von sozial-politischen Maßnahmen erfordert, welche Gegenstand einer jüdischen *Sozialpolitik* im Osten bilden könnten. So wird auch die jüdische Sozialpolitik des Ostens ganz anders gehandhabt werden müssen, als etwa die der Letten oder Polen.

Abgesehen von einer alten Wirtschaftsform und Kultur, besitzen die Juden des Ostens eine eigenartige allgemeine Kultur, die in der reichen jüdischen Literatur, in besonderen Sitten und Gebräuchen und einer gemeinsamen Sprache ihren stärksten Ausdruck findet. Eine gemeinsame Sprache — jiddisch und hebräisch — sprechen 96 % aller östlichen Juden; so bilden sie auch sprachlich eine besondere Nation unter allen anderen Nationen des Ostens Europas. Ihre kulturellen Bedürfnisse sind vor allem auf dem Gebiete des mittleren Schulwesens und der höheren Bildung vollkommen verschieden von denjenigen der anderen Völker.

Es ist deshalb nur berechtigt, daß die Juden auch dieselben Rechte öffentlicher und wirtschaftlicher Natur bekommen, auf welche alle anderen Nationen Anspruch erheben. Das heißt, daß sie gleich allen anderen Nationen, die, ohne einen Staat zu bilden, ohne ein einheitliches Territorium zu besitzen, ohne allein und ausschließlich ein Gebiet zu beherrschen, bei der Gewährung gewisser nationaler Rechte und Befugnisse nicht umgangen werden. Man wird bei der Regelung der Verhältnisse unter den verschiedenen Nationen, die unter die Herrschaft des Deutschen Reiches kommen, für die Vollwertigkeit des jüdischen Volkes — wie ich oben allerdings nur kurz anführte — eine Reihe von unumstößlichen, unwiderlegbaren Gründen angeben können. So wird auch eine besondere rechtliche Organisation des jüdischen Lebens im Osten zu einer ökonomischen und politischen Notwendigkeit — im jüdischen wie auch im deutschen Interesse.

Und zwar aus folgendem Grunde:

Sollen die unermeßlichen Opfer, die in diesem großen Kriege gebracht werden, Europa einen dauernden Frieden sichern, so wird man sich vor allem hüten müssen, im Osten Europas —: in den polnischen und den angrenzenden Gouvernements Westrußlands, einen neuen *politischen Wetterwinkel* entstehen zu lassen. Das heißt, daß man im Osten ein wirklich sicheres Bollwerk gegen jegliche russische Expansionsgelüste aufbauen muß, ein Bollwerk, das der Sicherung des Friedens dienen soll. Dies wird aber nur dann möglich sein, wenn man die Gebiete, welche von verschiedenen Nationen bewohnt sind (und am wenigsten von den Großrussen selbst) unter eine oberste Reichsherrschaft brächte, die ihrerseits eine freie, kulturelle und wirtschaftliche Entwickelung *aller* dort wohnenden Völker zulassen und fördern würde. Es dürfen mithin keiner einzigen Nation besondere Rechte eingeräumt werden; es wird deshalb auch nicht zweckmäßig sein, wenn man nur ein national-einheitliches Gebiet dem russischen Reiche entreißt. Denn es muß eben verhütet werden, daß auf dem Gebiet des neuen deutschen Bollwerkes gegen Russland irgend eine Nation die Oberherrschaft — und sei es nur kulturell — bekommen und sich eventuell mit dem russischen Nachbar verbünden könnte. So wird es nötig sein, auch die an das „Königreich Polen" angrenzenden Gebiete mit vorwiegend jüdischer Bevölkerung dem Länderkomplex, der zwischen Deutschland und Russland liegt und von Deutschland abhängig gemacht werden soll, anzugliedern.

Militärisch, politisch und zollpolitisch sollten die neuen Gebiete unter einer obersten Reichsgewalt stehen. Es müßten dabei aus der allgemeinen Reichsgesetzgebung einzelne Teile ausgesondert und der Kompetenz der nationalen Gesetzgebung der verschiedenen Nationen überlassen werden — und zwar diejenigen Teile, die in kulturellen und wirtschaftlichen Bedürfnissen dieser Völker begründet liegen. (Dies dürfte allerdings die Interessen der allgemeinen Reichsgesetzgebung nicht beeinträchtigen.) Nur dadurch wird der nationale Kampf vermieden, das gewünschte Bollwerk stark ausgestaltet und der russischen Diplomatie keine Betätigung ermöglicht werden.

Die Juden des Ostens sind mit dem Deutschtum auf mannigfaltigste Weise verbunden. Eine tiefgehende Ähnlichkeit der Sprache besitzt hierbei eine nicht zu unterschätzende Bedeutung; die wirtschaftlichen Beziehungen sind ungemein rege und umfangreich; die jüdische Wissenschaft wird in Deutschland am meisten gepflegt. Es gibt im Osten wohl kein anderes Volk, das so viel Ursache hätte, mit dem Deutschtum so stark zu sympathisieren, wie das jüdische. Diese Sympathien haben einen dauernden, festen Charakter; so werden die Juden die zuverlässigsten Pioniere des Deutschtums im Osten.*)

---

*) Wie man mir mitteilt, war das letzte Gymnasium mit deutscher Unterrichtssprache bis vor wenigen Jahren in einer jüdisch-galizischen Stadt Brody (mit ungefähr 90 % jüdischer Bevölkerung), da die jüdische Gemeinde eine hohe Summe für dieses Gymnasium zur Verfügung gestellt hat unter der ausschließlichen Bedingung, daß die Unterrichtssprache die deutsche bleiben muß.

Soll aber die kulturelle und politische Aufgabe des jüdischen Volkes im Osten ermöglicht und gefördert werden, so ist es nötig, die östliche Judenheit stark und ungehindert sich entwickeln zu lassen. Es wird deshalb im Interesse des Deutschtums sein, die östliche Judenheit als Gesamtheit, als eine jüdische Gemeinschaft zu erhalten. Vor allem wird es sich darum handeln, das jüdische Volk im Osten in seinen nationalen Forderungen auf dem Gebiete der Kultur und Wirtschaft zu seinen Rechten kommen zu lassen.

Es wird ferner dadurch, daß man nicht einem numerisch stärkeren Volk nationale Selbständigkeit gewährt, sondern verschiedenen, im Osten dicht nebeneinander zusammenwohnenden Nationen das gleiche Recht der nationalen Selbstbestimmung auf der Grundlage einer nationalpolitischen Autonomie unter der obersten Reichsherrschaft einräumt, jeder einzelnen Nation vollständig unmöglich gemacht, irgendwelche besondere politisch-territoriale Bestrebungen zu verfolgen, die dem Deutschen Reich schädlich werden können. Die Gebote der Gerechtigkeit werden dadurch erfüllt und durch die Staatskunst wird unter den verschiedenen Nationen des Ostens ein Zusammenleben ermöglicht, das den Interessen des Deutschen Reiches entsprechen wird.

Die Organisation des jüdischen Volkes im Osten wird aber auch eine vollkommenere Lösung der jüdischen Frage mit sich bringen müssen, als die Judenemanzipation im neunzehnten Jahrhundert.

Vor hundert Jahren fing die jüdische Emanzipation an. Aber wie ich schon früher andeutete, war das eine *persönliche Emanzipation;* man emanzipierte jeden einzelnen Juden besonders. Und da man doch noch von dem Vollwert der Juden als Menschen nicht ganz und aufrichtig durchdrungen war, unterschied man unter den Juden einzelne Gruppen. Erste, zweite, dritte Klasse. Die Überreste dieser Auffassung finden sich ja noch in Rußland, wo man gewissen Gruppen von Juden mehr Privilegien gewährt als anderen.

Im neunzehnten Jahrhundert haben wir eine Emanzipation der *einzelnen Juden* erlebt; im zwanzigsten Jahrhundert werden wir Zeugen *einer Emanzipation des jüdischen Volkes.* Ich möchte es auch so ausdrücken: War das neunzehnte Jahrhundert das Zeitalter der persönlichen Emanzipation, so wird das zwanzigste Jahrhundert das Zeitalter der völkischen Emanzipation werden.

Die Emanzipation des neunzehnten Jahrhunderts war auch eine Zeit, in welcher der einzelne Jude sich hervortat. Das lag eben im Wesen der persönlichen Emanzipation begründet, welche die Entwickelung jeder kräftigen Persönlichkeit im Rahmen der allgemeinen politisch-staatlichen und wirtschaftlichen Organisation ungemein förderte; das war umsomehr möglich, als die neue Wirtschaftsform und gleichzeitig der moderne Rechtsstaat sich erst im Werden befanden. Es entstand in der Folge eine große Assimilationsbewegung, *da die*

Resistenz der völkischen Massen nicht vorhanden war; es gab auch politisch und wirtschaftlich kein jüdisches Volk.

Das neue Zeitalter, das zwanzigste Jahrhundert, wird durch die Organisierung der jüdischen Massen die Entwickelung der *jüdischen* Persönlichkeit auf dem Gebiete der *jüdischen* Öffentlichkeit zu einer ungeahnten Blüte bringen. Es wird möglich sein, innerhalb der jüdischen, politisch und wirtschaftlich vollkommenen Organisationen alle jüdischen Talente zu entwickeln, den jüdischen Tatendrang in jüdischer Beschäftigung sich voll und ganz ausleben zu lassen und dem Einzelnen und der Gesamtheit Würde und Ansehen zu verleihen.

Kurz: *Die jüdische Persönlichkeit* war es, die das große Wort im neunzehnten Jahrhundert in der jüdischen Geschichte führte; von den Taten eines jüdischen Volkes haben wir herzlich wenig gehört. Dem jüdischen Volke ist aber erst im zwanzigsten Jahrhundert eine Zukunft beschieden.

Ich habe schon erwähnt, daß der moderne Rechtsstaat und die moderne Wirtschaftsform sich im neunzehnten Jahrhundert erst im Werden befanden. Überall, wo die Juden sich aufhielten, gab es mächtige Lücken, die ausgefüllt werden mußten. Es gab auch keine größeren Massen von Juden wie heute in Osteuropa, wo Millionen Juden zusammenwohnen. Es lag damals im Interesse des Staates und der Wirtschaft, einzelne Juden auf *verschiedenen* Gebieten innerhalb des ganzen

Staates sich betätigen zu lassen — diejenigen Juden, die eine ältere wirtschaftliche Kultur besaßen und den Geist der neuen Wirtschaftsform sozusagen verkörperten. Es war ferner auch den Juden möglich, sich, dank ihrer Intelligenz und Kultur, zu den führenden Stellen heraufzuarbeiten. Heutzutage ist die Sachlage ganz anders. Wie im Interesse des Staates, so auch im Interesse der Wirtschaft wird es von Vorteil sein, wenn die Juden in ihren alten wirtschaftlichen Stellungen beharren und in ihrem alten Aufenthaltsorte die Blüte der Industrie und des Handels fördern.

Es kommt noch ein anderes Moment hinzu: Im vorigen Jahrhundert gab es nur eine soziale jüdische Klasse — ein sozial differenziertes jüdisches Volk existierte noch nicht. In meinem Buche über die „Wanderbewegungen der Juden" habe ich ausgeführt, was für eine große Bedeutung die *soziale Differenzierung* für die jüdischen Wanderungen hat. Dieses Moment wird auch einen ungeheuren Einfluß auf die wirtschaftliche Betätigung und auf die rechtliche Gestaltung des jüdischen Volkes in Osteuropa ausüben müssen.

Das innere und öffentliche Leben des jüdischen Volkes hängt sehr stark von der inneren Organisation und Kultur des Volkes ab, in dessen Mitte die Juden einwandern oder durch politische Ereignisse verschlagen werden. Dieser geschichtlichen Wahrheit kann sich kein Historiker verschließen. Nun wird es zum ersten Male seit Jahrhunderten geschehen, daß die Juden, in kompakten Massen auf kleinem Gebiet dicht wohnend, im Besitze einer eigenartigen wirtschaftlichen und geistigen Kultur, nicht als *einzelne* Juden, sondern als *geschlossene feste Volksmasse* einem Staat einverleibt werden, der in seiner rechtlichen und wirtschaftlichen Organisation gewissermaßen vollkommen ist; dessen Wirtschaftsleben keine Lücken aufweist, wie etwa die Völkerorganisationen im Anfang und um die Mitte des neunzehnten Jahrhunderts. So wird auch die Folge notwendigerweise die sein, daß man versuchen wird, dem neuen Volke an seinem Aufenthaltsorte eine Organisation zu gewähren, die im Einklang mit seiner vorhergehenden Entwickelung steht und ihm eine freie volkstümliche Fortentwickelung garantiert.

So erwarten die östlichen Juden mit der heißen Sehnsucht eines alten Volkes, das nach dem völkischen Ausdruck seiner Persönlichkeit seit Jahrhunderten ringt, von dem deutschen Sieg die Erfüllung ihrer innigsten Wünsche in der Diaspora: *eine Volksemanzipation auf der Grundlage einer festgeschlossenen und durch oberste Reichsgesetze gesicherten Organisation.*

Was wird dies für eine Bedeutung für die gesamte Judenheit haben? Sie wird so mannigfaltig sein, daß ich sie in meiner kurzen Arbeit unmöglich in ihrem ganzen Umfang zu schildern vermag.

Nur ein paar Worte: Die Stärkung des östlichen Zentrums der Judenheit wird die erste bedeutungsvolle Folge der neuen Zustände sein. Die kraftvolle Entfaltung des jüdischen Lebens in der Diaspora — soweit sie eben möglich ist — wird dem jüdischen Leben in allen anderen Ländern ein Rückgrat geben, eine moralische Stütze. Die jüdische Assimilation wird nicht mehr den Umfang und die Formen annehmen, wie bisher. Es ist fraglich, ob sie vollständig aufhören wird; sicher ist jedoch, daß dem Juden innerhalb der neuen Volksorganisation die Möglichkeit zu Betätigung geboten wird, welche er sonst nur auf dem nichtjüdisch-nationalen Gebiete bekommen konnte; es wird dem Juden innerhalb der jüdischen Volksgemeinschaft möglich sein, in den Besitz derjenigen Werte zu gelangen, die er sonst nur bei Verzicht auf seine Nationalität erreichen konnte. Was dem jüdischen Volke also in früheren Zeiten durch die Assimilation verloren ging, wird nunmehr seinem Ruhm in tätigem Schaffen dienen.

Infolge der neuen Lebensformen im Osten wird dort ein besseres Menschenmaterial erzogen. Das jüdische Volk wird schon in der Diaspora als solches anerkannt — wie alle anderen Völker. Auf welche Weise wird jedoch ein besseres Menschenmaterial herangebildet? Die Wirtschaftsform am Anfang des neunzehnten Jahrhunderts erforderte einzelne freie Menschen. Man schuf freie Arbeiter, die nicht organisiert waren und sich überhaupt nicht zusammenschließen durften. Auch die Leiter der Wirtschaft wußten noch nichts von einer Vereinigung. Dies war damals im Interesse der Entwickelung. So schuf die jüdische Emanzipation —

sagen wir kurz: nach französischem Muster — und darunter verstehe ich die Emanzipation jedes einzelnen Juden als Menschen — eine ungeheure Desorganisation im jüdischen Leben. Man warf sich in den Strudel des Volkes, in dessen Mitte man lebte. Es hieß: Assimiliere sich, wer kann! Der Jude verlor mehr und mehr an Volkswürde. Was jetzt aber nottut, sind: würdevolle Juden. Mehr Würde bekommen wir durch eine Organisierung des jüdischen Volkes im Osten. Auch mehr Ansehen werden wir dann haben, und nicht nur die Juden im Osten, sondern alle Juden in der ganzen Welt.

Die jüdische Volkswirtschaft im Osten bekommt eine rechtliche Organisation. Es wird eine *jüdische Sozialpolitik* ins Leben gerufen werden müssen. Ein Beispiel: Die Wanderungen der Juden werden zwar nicht aufhören, aber man wird imstande sein, sie zu regulieren. Die jüdische Gesamtheit wird diese Angelegenheit in ihre Hände nehmen; sie wird nicht mehr privaten Gesellschaften überlassen. Die kolonisatorische Tätigkeit des jüdischen Volkes wird fortgesetzt werden müssen; sie wird mit einem besseren Menschenmaterial und mit anderen, großzügigen Mitteln eine Blüte erleben, von der wir jetzt schlechthin keine Ahnung haben.

Dies wird auch für das *amerikanische Judentum* — und für Amerika selbst — von ungemein großem Vorteil sein. Wenn auch die Wanderungen, wie gesagt, nicht aufhören werden, so wird die Stärkung der östlichen Judenheit und eine planmäßige Organisation der jüdischen Auswanderung eine sehr bedeutende Hebung des allgemeinen Niveaus der Auswanderer zur Folge haben. Amerika wird nunmehr nicht eine Masse von Einwanderern aufnehmen müssen, die ohne jeglichen Rat und Beistand die schwere Reise antreten, sondern man wird imstande sein, durch Verständigung in den beiden größten jüdischen Zentren — in Amerika und im Osten Europas — Ordnung und Planmäßigkeit in die Wanderbewegungen des jüdischen Volkes hineinzubringen.

Die Organisation des jüdischen Volkes im Osten wird vorbildlich sein für die anderen Zentren der Judenheit. Vor allem für das *galizische* Zentrum. Man wird dort einsehen, wie durch eine gerechte gesetzgeberische Regelung der Nationalitätenfrage der Nationalitätenkampf in seinen schlimmsten Wirkungen vermieden werden kann. Denn nur dadurch, daß man allen Nationen gleiche Rechte gewährt und keiner die ausschließliche Herrschaft verleiht, beugt man der Möglichkeit einer Unterdrückung kleinerer Völker durch stärkere vor und vergrößert so die Stärke und das Ansehen des Staates.

Bedeutend werden auch die Wirkungen der neuen Zustände im Osten auf die *deutschen Juden* sein. Man kann die Tatsache nicht wegleugnen, daß zwischen dem östlichen und dem deutschen Juden gewisse wesentliche Gegensätze bestehen. Wenn auch eine nicht zu starke Einwanderung der östlichen Juden nach Deutschland für das deutsche Judentum nützlich sein mag, ein Überfluten liegt weder im Interesse der deutschen Judenheit, noch im Interesse der deutschen Kultur und Wirtschaft. Durch eine den Lebensinteressen der östlichen Juden entsprechende Selbstverwaltung auf dem Gebiete der Wirtschaft und Kultur wird aber eine große Reihe von jüdischen Kräften im Osten in Anspruch genommen. Ein jüdischer Beamtenstand wird dadurch geschaffen werden, der, an seinen Aufenthaltsort gebunden, mehr Festigkeit und Ruhe in das jüdische Leben bringen wird. Eine jüdische Hochschule im Zentrum des jüdischen Lebens, eine Hochschule, die allen Anforderungen der europäischen Wissenschaft entspricht, wird entstehen müssen, um alle diejenigen jungen Juden aufzunehmen, die sonst an anderen Hochschulen ihre Lernbegier stillen mußten. Die Gründung einer solchen Hochschule wird aber nur ein stark organisiertes, lebenskräftiges jüdisches Volk vornehmen können. Viele jüdische Talente und wissenschaftliche Kräfte selbst aus Deutschland werden dann im Osten ein dankbares Betätigungsfeld finden.

Ich bin mir wohl bewußt, daß die Verwirklichung der neuen jüdischen Organisation im praktischen Leben auf ungeheure Schwierigkeiten stoßen wird — nicht nur auf objektive, sondern auch auf subjektive, auf Schwierigkeiten, die in den Juden selbst liegen. Wir wollen uns darüber klar werden und durch keine Illusionen uns den Blick trüben. Es liegt eine grosse Arbeit vor dem jüdischen Volke: in der Diaspora dasjenige für sich zu erreichen, was für seine Volksexistenz unbedingt notwendig ist.

Das jüdische Volk hatte im neunzehnten Jahrhundert eine schwere Prüfung zu bestehen. Aus seiner Geschichte kann man ersehen, worin sie bestand: Der Jude mußte sich als vollwertiger Mensch in der neuen europäischen Gesellschaft legitimieren. Er hat das Examen glänzend bestanden, und zwar nach allen Richtungen. Das war ein Siegeszug der jüdischen Persönlichkeit. Und jetzt, in diesem großen Krieg, liefern die Juden den *letzten* Beweis ihrer Vollwertigkeit auf einem Gebiete, das ihnen Jahrhunderte lang entzogen war: sie kämpfen und sterben auf dem Felde der männlichen Ehre wie echte Helden. Das Vaterland und wir Juden danken diesen Helden.

Nun haben wir eine andere, viel schwerere Prüfung zu bestehen. Wir müssen zeigen, daß das jüdische Volk noch genug Kräfte in sich finden wird, um sich als Volk behaupten zu können. Im zwanzigsten Jahrhundert wird es sich darum handeln, zu beweisen, *daß wir ein Volk sind.*

Und das jüdische Volk wird diese Prüfung bestehen. Die Fragen der Organisation sind für es keine neuen Fragen. Die völkische Organisierung wird von ihm mit Geschick und Energie bewerkstelligt. Die große jüdische Arbeiterpartei (Bund) hat schon längst die untersten Massen des Volkes organisiert; die zionistische Organisation ist trotz der Behinderung seitens der Regierung die bestgebaute und die stärkste in Rußland; neben ihr gibt es dort noch eine Reihe von starken jüdischen Organisationen. Fast jedes jüdische Städtchen besitzt mehrere gut organisierte Wohltätigkeitsvereine. Vor allem leben im Osten noch die Traditionen und die Erinnerungen an die große jüdische Selbstverwaltung der vorigen Jahrhunderte, an die „Synode der vier Länder", der die gesamte Zivilgesetzgebung nebst Steuerwesen und die gesamte Verwaltung der jüdischen Gemeinden oblag.

Es ist ja möglich, daß meine Zukunftsausblicke zu phantastisch erscheinen, obwohl ihnen die politischen und wirtschaftlichen Grundlagen keineswegs fehlen. Das ganze wäre zu schön, um Wirklichkeit zu werden. Nun bin ich der Meinung, daß man in jetzigen Zeiten aufhören muß, nur mit demjenigen zu rechnen, was natürlich, selbstverständlich ist. Wer mit den großen Ereignissen Schritt halten will und bei dem Ungewöhnlichen, das sich jetzt in Europa abspielt, mitdenken und mitschaffen möchte, muß vor allem Eins lernen: Das Nicht-Selbstverständliche zu begreifen. Das Nicht-Selbstverständliche! Man darf nicht denken, daß das Nicht-Selbstverständliche etwas ist, was nicht werden kann. Wer hätte vor hundert Jahren daran denken können, daß das zersplitterte deutsche Volk sich in dem herrlichen Deutschen Reich vereinigen würde? Die Zersplitterung war damals das Selbstverständliche. Und doch ist es anders geworden. Für den Handwerker der früheren Zeiten war das Selbstverständliche, daß der Bedarf gleichmäßig, daß seine Produktionsweise die beste war, und daß die Preise feststehend waren, — da kam der Kapitalismus und warf alles über den Haufen!

Vor allem wollen wir uns von der Frage nicht abschrecken lassen: Wird sich unser Volk aufraffen und stolz aufstehen, um die schwere Arbeit zu vollbringen? Die Antwort werden nicht allein die östlichen Juden geben müssen, sondern die ganze Judenheit. Es werden Männer der jüdischen *Volks*tat sich finden — und das Mögliche wird zum Ereignis. Wir hoffen es.

Erklärung zu der Karte des jüdischen Ansiedlungsrayons in Russland.

Die „Tscherta“ oder der Ansiedlungsrayon, in dem die Juden Rußlands leben und leiden, umfaßt 25 Gouvernements, die ungefähr doppelt so groß sind wie Deutschland. Der russische Zarismus und seine Freunde pflegen dies als Beweis anzuführen, daß das Los der Juden keinesfalls bedauernswert sei. Dies ist eine zynische Entstellung. Der überwiegend größere Teil, alle Dörfer und Flecken, sind den Juden ebenso verschlossen wie das heilige Moskau. Die 25 Gouvernements sind nur scheinbar die „Tscherta“. Der wirkliche Ansiedlungsrayon sind die Städte und die Städtchen, wo die Juden so zusammengepfercht leben, daß selbst die ungeheure Emigration der letzten 30 Jahre die Übervölkerung nicht merklich hat herabsetzen können. Wie groß die städtische jüdische Bevölkerung im Vergleich mit der allgemeinen städtischen Bevölkerung ist, zeigt die beiliegende Karte. Die Einführung einer jüdischen Selbstverwaltung in den Städten würde durch den großen Prozentsatz der jüdischen städtischen Bevölkerung ungemein erleichtert werden. Man bedenke allein die Tatsache, daß in den Gouvernements *Grodno* und *Minsk*, d. h. auf einer Fläche von der Größe Preußens, die Juden in den Städten durchschnittlich zwischen 58 % und 59 % der allgemeinen städtischen Bevölkerung bilden. Als Beispiel sei ferner noch folgendes angeführt:

In den Städten der Gouvernements *Radom*, *Wolhynien*, *Kielce*, *Mohilew*, *Witebsk*, *Kiew* und *Sedlez* leben 50 % bis 55 % Juden. Sie machen demnach in allen Städten die absolute Majorität aus, in vielen noch weit mehr. Wäre Rußland ein moderner Staat mit europäischen Einrichtungen, so hätten die Juden einen ausschlaggebenden Einfluß, zumindest auf die Verwaltung und Entwickelung dieser Städte. Die städtische jüdische Bevölkerung in den Gouvernements *Suwalki*, *Kowno*, *Podolien*, *Wilna*, *Lublin* und *Lomscha* macht 40 % bis 50 % aus. Die Juden bilden hier also zwar nicht die absolute Majorität, aber in Anbetracht des Umstandes, daß diese Gouvernements kein anderes Volk aufweisen, das ihnen numerisch gleichkommt, werden sie auch da zum ausschlaggebenden Faktor werden und den größten Einfluß auf die städtische Verwaltung ausüben können, sobald sie sich in richtiger Weise organisieren; solche Organisationen werden den Grundstein zu dem politischen Befreiungswerk der Juden legen.

Selbst in den Gouvernements, wo die Juden in der Minorität sind — weniger als 20 % machen sie in keinem Gouvernement des Ansiedlungsrayons aus —, werden sie durch ihre Intelligenz und Kultur einen Einfluß gewinnen können, der für die wirtschaftliche und kulturelle Entwickelung und zukünftige Blüte der Städte außerordentlich viel beitragen wird.

Karte des jüdische

A. MARCUS &

ayons in Russland

G IN BONN

FSC
www.fsc.org
MIX
Papier | Fördert gute Waldnutzung
FSC® C083411

Kolibri 360 GmbH
Ferdinand-Jühlke-Straße 7
99095 Erfurt, Deutschland
produktsicherheit@kolibri360.de